數位邏輯閘
如何用電晶體實現

李家同、侯冠維／著

Preface
自 序

　　大家都知道電腦內部的線路都是所謂的數位電路，也就是說，電路的元件是一些 AND gate、OR gate 等等，但是如果打開任何一個晶片，裡面的元件卻是電晶體、電阻、電容等等。換言之，任何一個數位電路都要被轉換成一個由電晶體、電阻、電容等元件的電路，這種電路就是類比電路。

　　很多同學都對類比電路感到害怕，資訊系同學更是如此，因為他們不太熟悉電晶體。

　　雖然類比電路不容易學，但是由數位電路對應的類比電路卻是很容易理解的，因此我們決定寫下這本書，使很多資訊系同學能夠對類比電路多一些了解。

　　在這本書中，我們將很多專有名詞保持英文版，道理很簡單，同學們應該盡量多懂英文，在職場中，科技名詞仍是用英文的。

　　這本書是為了資訊系的學生寫的，的確資訊系的學生不可能搞懂類比電路，但是讀了這本書，相信大家會比較了解電腦的最低層是怎麼一回事，因為電腦的最低層都是由電晶體和其他元件所構成的。資訊系的學生總不能完全不了解一個電腦的最低層吧！

李家同

Contents
目錄

Chapter 7

電路的開關

請看圖 01-1：

圖中的 Vin 是電源，如果各位用過電池的話，電池就是電源的一種。R 是電阻，我們幾乎可以說，任何電子電路都要有電阻的。圖中的 B 點連到了地，地的電壓永遠是 0。在電器中，所謂地，乃是一個比較大塊的金屬，並不是真的要將某一個端點連到地球上。

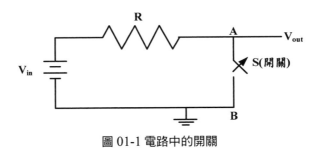

圖 01-1 電路中的開關

圖 01-1 的 S 開關有兩種可能：

(1) S 打開，此時線路的情況如圖 01-2。圖中的 I 代表電流。

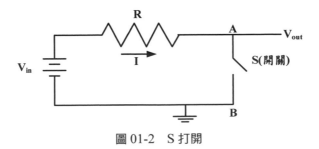

圖 01-2　S 打開

根據歐姆定律，A 點的電壓

$$V_A = V_{in} - IR，$$

但是 AB 斷路，沒有電流可流，因此 I = 0，$V_A = V_{in}$。

(2) S 關閉，此時電路情況如圖 01-3。

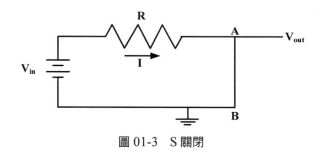

圖 01-3　S 關閉

B 點連接對地，地的電壓永遠是 0，因此

$$V_A = V_B = 0$$

▌我們因此得以下的結論：

　　如果 S 打開，無電流可流，$V_{out} = V_{in}$（高電壓）。如果 S 關閉，有電流可流，$V_{out} = 0$（低電壓）。在數位電路中，高電壓代表 1，低電壓代表 0，我們因此可以有以下的結論：

　　如果 S 打開，輸出 1（高電壓）。

　　如果 S 關閉，輸出 0（低電壓）。

同學們可想而知，在數位電路中，我們需要一種像開關的元件，這個元件就是電晶體（transistor）。在下一節，我們要介紹一種叫 NMOS 的電晶體。

Review 複習

❶ 請看圖 01-1，你一定要知道為何 S 打開，輸出電壓會是高電壓，而 S 如關閉，輸出電壓是低電壓。

NOTE

Chapter 2 NMOS電晶體

電晶體是一個電子元件，它有三個端點，D（drain，汲極）、G（gate，閘極）和 S（source，源極）。NMOS 電晶體通常用圖 02-1 表示

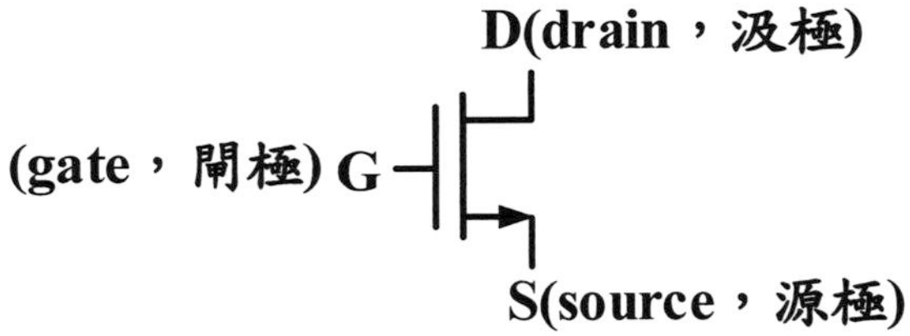

圖 02-1 NMOS 電晶體

請注意 NMOS 電晶體的標示中有一個箭號，在 S 極，指向外部。

一個電子元件總要讓電流通過，對於 NMOS 電晶體的電流，我們必須注意以下幾點：

1. 如果 D 的電壓大於 S 的電壓，電流從 D 流到 S 如圖 02-2 所示

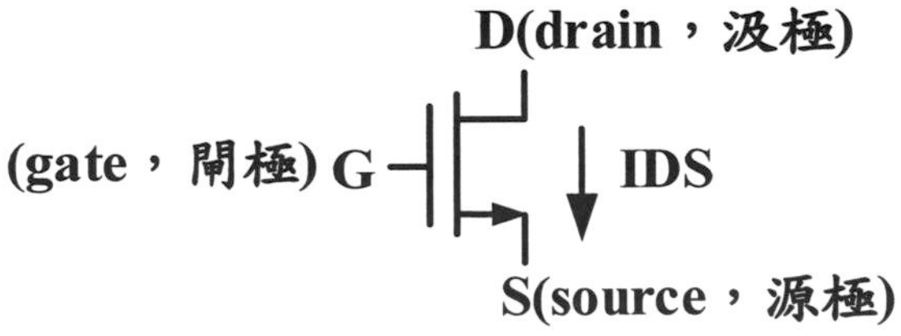

圖 02-2　IDS

從 D 流入 S 的電流我們用 IDS 來表示。

2. 沒有電流流入 G。

3. G 上一定會有一個電壓，S 也有一個電壓，我們令 V(G) 表示 G 點的電壓，V(S) 代表 S 點的電壓。我們令 VGS = V(G) − V(S)。VGS 是相當重要的。

4. VGS 控制了 IDS 的大小，如果 VGS 大，IDS 大，如果 VGS 小，IDS 小。

5. VGS 不能太小，太小則電晶體沒有電流。

　　我們可以看出 NMOS 電晶體的確是一個開關，如果 G 電壓夠大，NMOS 電晶體會有電流，如果 G 電壓不夠大，NMOS 電晶體內就無電流。

　　電晶體僅只是一個元件，一個元件必須放在一個線路中，才會有作用。圖 02-3 顯示了一個利用 NMOS 電晶體最簡單的線路。

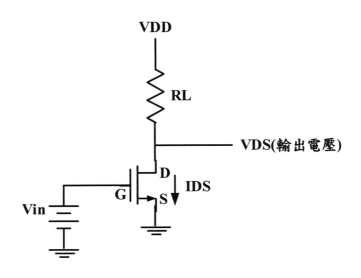

圖 02-3　利用 NMOS 電晶體的最簡單線路

我們現在來解釋一下這個線路的作用。

1. VDD 是電源，一個電子電路總要有電源，在坊間買的電池就是一個電源。電晶體線路上的電源，習慣叫做 VDD。VDD 大概是 3 伏特左右，是相當小的電壓。沒有 VDD，電晶體無從工作，因為電流一定要從電源流出來。假設家裡某一設備的電池報銷了，這個設備也沒有用了。

2. 因為 S 連到地，所以 V(S) = 0。只要線路上任一點接到地，這一點的電壓就一定是 0。G 到 S 的電壓差是 VGS = V(G) − V(S) = V(G) − 0 = V(G)。V(G) 可以被稱爲輸入電壓。

13

3. Vin 和 VDD 不同，它不是提供電流的電源，而是提供 V(G)。Vin 通常被認為是偏壓，它的功能是控制 IDS 的大小。

4. VDS = V(D) − V(S)，VDS 是 D 和 S 之間的電壓，因為 S 的電壓是 0，VDS = V(D)，D 的電壓是**輸出的電壓**，對於數位電路而言，我們很在乎 V(D) 的大小。

5. RL 通常被稱之為負載電阻，同學們一定要知道，電子電路一定有負載。如果沒有負載，會有極大電流的現象。這是絕對不能發生的。

6. 根據克契赫夫定律以及歐姆定律

$$V(D) = VDD - IDSxRL \qquad (02\text{-}1)$$

7. 如果 VGS = V(G) 大，IDS 也就跟著大，從方程式（02-1）可以看出 V(D) 會小（低電壓）。假如 VGS = V(G) 小，IDS 也就會很小，根據方程式（02-1），VD 會變大（高電壓）。

　　換言之，如果 NMOS 電晶體的 G 電壓夠大，輸出電壓是低電壓，對數位電路而言，這是 0。如果 NMOS 電晶體的 G 電壓不夠大，輸出電壓是高電壓，對數位電路而言，這是 1。因此我們可以說 NMOS 電晶體是一個開關。

　　對很多同學而言，大家仍會感到困惑，為何圖 02-3 中的 NMOS 電晶體的 D 會輸出 1（高電壓）或 0（低電壓）？我們現在將圖 02-3 放在下面：

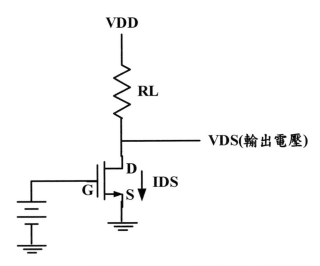

同學們再看一次為何 NMOS 電晶體是一個開關的解釋。

1. 假設 G 有高電壓，RL 中就有大電流 IDS 流過。
2. 這個電流造成一個 VDD 和 D 之間的電壓 IDSxRL。
3. 因此 V(D) = VDD − IDSxRL。
4. 因為 IDS 很大，V(D) 是低電壓。
5. 假設 G 有低電壓，RL 中的 IDS 就很小。
6. V(D) 仍然是 V(D) = VDD − IDSxRL。
7. 因為 IDS 很小，V(D) 是高電壓。

　　同學應該發現了一點：G 的電壓控制了 D 的電壓，G 的電壓高，D 的電壓就會低。G 的電壓低，D 的電壓就會高。

　　我們可以將 G 視為輸入端，也將 D 視為輸出端，高電壓為 1，低電壓為 0，則我們可以說：

15

NMOS 電晶體輸入如為 1，輸出則為 0。
NMOS 電晶體輸入如為 0，輸出則為 1。

　　請再看圖 02-3，首先我們要知道電路的元件，如電阻、電晶體，都是在晶片（chip）內部的。電腦的電源來自電力公司，電壓比較高，而且是交流電，因此我們都需要有另一個線路將交流電變成直流電。

Review 複習

❶ NMOS 電晶體有幾個極點？

❷ 圖 02-3 中 NMOS 電晶體的電流是從哪一極流到哪一極的？

❸ 有電流流入 NMOS 的 G 點嗎？

❹ 如果 G 電壓是高的，NMOS 電晶體內部的電流會大還是小？

❺ 如果 G 電壓是低的，NMOS 電晶體內部的電流會大還是小？

❻ 如果 G 電壓是高的，D 的電壓是高還是低的？

❼ 如果 G 電壓是低的，D 的電壓是高還是低的？

❽ 你應該瞭解為何
NMOS 電晶體輸入如為 1，輸出則為 0。
NMOS 電晶體輸入如為 0，輸出則為 1。

PMOS 電晶體很像 NMOS 電晶體，如圖 03-1 表示 PMOS 電晶體。PMOS 電晶體的標示也在 S 極有一個箭頭，但是指向內部。

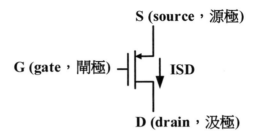

圖 03-1　PMOS 電晶體

同學們可以看出以下各點

(1) 如果 S 的電壓高於 D 的電壓，PMOS 電晶體的電流是從 S 流入 D 的，此時在 PMOS 電流是 ISD。

(2) PMOS 電晶體的關鍵性電壓是 S 和 G 之間的電壓 VSG。
    $$VSG = V(S)-V(G) \tag{03-1}$$

(3) VSG 如果太小，就沒有電流。

(4) VSG 大，ISD 大；VSG 小，ISD 小。

(5) 如果 V(G) 大，根據方程式 (03-1)，VSG 小。

(6) 如果 V(G) 小，根據方程式 (03-1)，VSG 大。

利用 PMOS 電晶體最簡單的線路，如圖 03-2 所示：

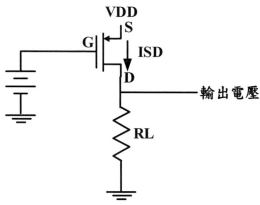

圖 03-2　利用 PMOS 的最簡單線路

從圖 03-2 我們可以看出

$$V(D) = ISD \times RL \qquad\qquad (03\text{-}2)$$

根據 (5)，如果 V(G) 大，VSG 會小。

根據 (4)，ISD 會小。

根據 (03-2)，V(D) 會小（低電壓）。

根據 (6)，如果 V(G) 小，VSG 會大。

根據 (4)，ISD 會大。

根據 (03-2)，V(D) 會大（高電壓）。

對很多同學而言，大家仍會感到困惑，為何圖 03-2 中的 NMOS 電晶體的 D 會輸出 1（高電壓）或 0（低電壓）？我們現在將圖 03-2 放在下面：

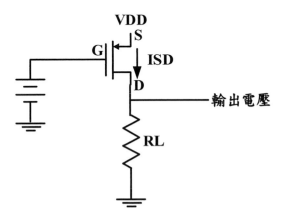

1. 假設 G 有低電壓，VSG = VDD － V(G) 會很大，RL 中就有大電流 ISD 流過。

2. 這個電流造成一個 D 和地 (ground) 之間的電壓 ISDxRL。

3. 因此 V(D) － V(ground) = ISD×RL。

4. 地的電壓 V(ground) 永遠是 0，因此 V(D) = ISD×RL。

5. 因爲 ISD 很大，V(D) 是高電壓。

6. 假設閘極 G 有高電壓，RL 中的 ISD 就很小。

7. V(D) 仍然是 V(D) = ISD×RL。

8. 因爲 ISD 很小，V(D) 是低電壓。

同學應該發現了一點：PMOS 電晶體 G 的電壓控制了 D 的電壓，G 的電壓高，D 的電壓就會低。G 的電壓低，D 的電壓就會高。

　　換言之，如果 PMOS 電晶體 G 的電壓大，輸出低電壓，對數位電路而言，這代表 0。如果 PMOS 電晶體 G 的電壓小，輸出高電壓，對數位電路而言，這代表 1。

　　我們可以將 G 視為輸入端，也將 D 視為輸出端，高電壓為1，低電壓為 0，則我們可以說：

　　PMOS 電晶體輸入如為 1，輸出則為 0。
　　PMOS 電晶體輸入如為 0，輸出則為 1。

　　請注意一點，在 PMOS 電晶體的線路中，VDD 接到 S 端。而在 NMOS 電晶體的線路中，VDD 接到 D 端。

Review 複習

❶ 以下兩個標示中，何者為 NMOS 電晶體？ 何者為 PMOS 電晶體？

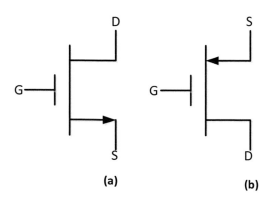

(a)　　　　　　　(b)

❷ 如果 PMOS 中，VSG 大，ISD 大還是小？

❸ 如果 PMOS 中，VSG 小，ISD 大還是小？

❹ 在圖 03-2 的線路中，假如 G 端有高電壓，ISD 大還是小？

❺ 在圖 03-2 的線路中，假如 G 端有低電壓，ISD 大還是小？

❻ 在圖 03-2 的線路中，假如 G 端有高電壓，V(D) 大還是小？

❼ 在圖 03-2 的線路中，假如 G 端有低電壓，V(D) 大還是小？

NOTE

反向器是數位電路常用到的線路,如圖 04-1 所示

輸入 ————▷○———— 輸出

圖 04-1　反向器的符號

在數位電路,反向器的輸入如果是 1,輸出就是 0,反之,輸入如果是 0,輸出是 1。在類比線路中,我們可以說,輸入高電壓,輸出就是低電壓,輸入低電壓,輸出就是高電壓。

問題是何謂高電壓和低電壓?我們不妨將 NMOS 和 PMOS 的線路重新放在下面:

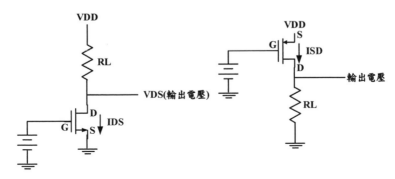

圖 04-2　NMOS 和 PMOS 線路重新顯現

從圖 04-2 我們可以看出最高電壓是 VDD,而最低電壓是 0。因此,在反向器,高電壓就是 VDD,而低電壓是 0。

我們可以用所謂的 CMOS,圖 04-3 表示了 CMOS。

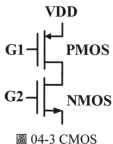

圖 04-3 CMOS

　　CMOS 是將 PMOS 和 NMOS 串聯起來，他們互相為對方的負載，PMOS 是 NMOS 的負載，NMOS 是 PMOS 的負載。

　　在此，我們必須要記住 PMOS 電晶體和 NMOS 電晶體的性質：

(1) 如果 PMOS 電晶體的 VSG = V(S) − V(G) 很小，PMOS 電晶體中是沒有電流的，S 不能連到 D。

(2) 如果 NMOS 電晶體的 VGS = V(G) − V(S) 很小，NMOS 電晶體中是沒有電流的，S 不能連到 D。

(3) 如果 PMOS 電晶體的 VSG = V(S) − V(G) 很大，即使 PMOS 電晶體中是沒有電流的，S 仍能連到 D。

(4) 如果 NMOS 電晶體的 VGS = V(G) − V(S) 很大，即使 NMOS 電晶體中是沒有電流的，S 仍能連到 D。

　　利用 CMOS 的線路非常多，我們可以利用 CMOS 建立一個反向器，請看圖 04-4。

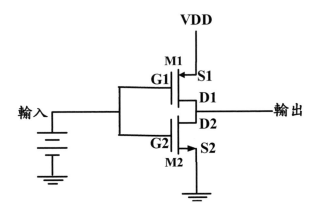

圖 04-4　反向器

　　反向器是將 PMOS 的 G1 和 NMOS 的 G2 相連，請看兩種可能性。

(1) 假設反向器輸入的電壓是高電壓 VDD，此時 PMOS M1 中的 VSG = V(S) − V(G) = VDD − VDD = 0，PMOS M1 不可能有電流，M1 事實上是斷路的，但是在 NMOS M2 中，V(G) − V(S) = VDD-0 = VDD 夠大，NMOS 的 D 和 S 仍可相連，如圖 04-5 所示。

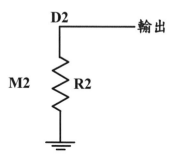

圖 04-5　輸入電壓是高電壓

　　R2 是 NMOS 中的一個電阻，這個電阻是非常小的，它的值並不重要，因為上面 M1 已無電流，M2 中也沒有電流了，因此 VD2 ＝ 0，表示輸出是低電壓。

⑵ 假設反向器輸入的電壓是低電壓 0，此時 NMOS M2 中 VGS ＝ V(G) － V(S)。V(S) ＝ V(ground) ＝ 0，因此是斷路的，VGS ＝ 0 － 0 ＝ 0。 NMOS 電晶體 M2 因此不可能有電流，但是在 PMOS M1 中，V(S) － V(G) ＝ VDD － 0 ＝ VDD 夠大，PMOS 的 D 和 S 仍可相連，如圖 04-6 所示。

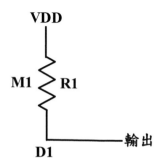

圖 04-6　輸入電壓是低電壓

R1 是 PMOS M1 內部的電阻，我們不必知道 R1 的大小，因為 M1 內部無電流，所以 VD1 = VDD，這表示輸出的電壓是高電壓。

結論：如果反向器輸入電壓是高電壓，輸出是低電壓。對於數位電路而言，我們可以說，輸入如是 1，輸出就是 0。

如果反向器輸入電壓是低電壓，輸出是高電壓。對於數位電路而言，我們可以說，輸入如是 0，輸出就是 1。

從以上的討論，我們可以下一結論，圖 04-4 的線路的確是一個反向器，因為輸出和輸入是相反的。

最有趣的是這個反向器在工作時是沒有電流的，電流小表示省電，因此這一節介紹的反向器是相當省電的。

在下面，我們再設法解釋反向器的原理：

(1) 反向器採取 CMOS 架構，將一個 PMOS 電晶體和一個 NMOS 電晶體串聯起來。

(2) PMOS 電晶體的 S 連到 VDD，NMOS 電晶體的 S 連到地。

(3) 只要有一個電晶體內沒有電流，另一個電晶體內也不會有電流。

(4) 兩個電晶體的 G 是連在一起的，也是反向器的輸入端。

(5) 兩個電晶體的 D 是連在一起的，也是反向器的輸出端。

(6) 如果輸入是高電壓 VDD，PMOS 會因此而無電流，輸出端經由 NMOS 電晶體連到地，電壓因此為 0。

(7) 如果輸入是低電壓 0，NMOS 會因此而無電流，輸出端經由 PMOS 電晶體連到 VDD，電壓因此為 VDD。

Review 複習

❶ 何謂 CMOS？

❷ 反向器中有兩個電晶體，他們的 G 是連接的嗎？

❸ 反向器中有兩個電晶體，他們的 D 是連接的嗎？

❹ 反向器的輸入是什麼極？

❺ 反向器的輸出是什麼極？

❻ 如果反向器的輸入端是高電壓，哪一個電晶體的 D 和 S 無法相連？ PMOS M2 或 NMOS M1？

❼ 如果反向器的輸入端是低電壓，哪一個電晶體的 D 和 S 無法相連？ PMOS M2 或 NMOS M1？

❽ 反向器運作時，內部會有電流嗎？

以下是 NAND Gate 的真值表：

A	B	Y
1	1	0
1	0	1
0	1	1
0	0	1

從以上的表可以看出，只有在當 A 和 B 都是 1 時，Y 是 0；其餘情況，Y 都是 1。

以下是 NAND Gate 的線路圖：

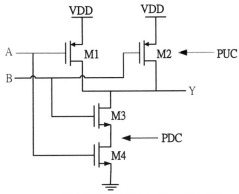

圖 05-1　NAND Gate 的線路

我們可以將這個線路看成 PUC 和 PDC 的串聯如圖 05-2 所示。

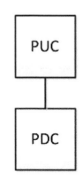

圖 05-2　PUC 和 PDC

　　PUC 由兩個 PMOS（M1 和 M2）並聯組成，PDC 由兩個 NMOS（M3 和 M4）串聯組成。我們先做一些準備工作。

(1) 高電壓是 VDD，低電壓是 0。

(2) 如果 PMOS 的電晶體 G 的電壓是高電壓 VDD，則這個 PMOS 電晶體內部是沒有電流的，S 和 D 不相連。

(3) 如果 NMOS 的電晶體 G 的電壓是低電壓 0，則這個 NMOS 電晶體內部是沒有電流的，S 和 D 不相連。

(4) 如果 PMOS 的電晶體 G 的電壓是低電壓 0，即使這個 PMOS 電晶體內部是沒有電流的，S 和 D 仍能相連。

(5) 如果 NMOS 的電晶體 G 的電壓是高電壓 VDD，即使這個 NMOS 電晶體內部是沒有電流的，S 和 D 仍能相連。

(6) NAND Gate 的輸入是 A 和 B，輸出是 Y。

假設 A 和 B 都是 1（高電壓），因為 M1 和 M2 都是 PMOS，PUC 無法連到 VDD，但 M3 和 M4 是 NMOS，因此 PDC 是連到地的，如圖 05-3 所示，所以 Y 是 0（低電壓）。

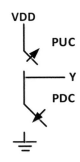

圖 05-3　A 和 B 都是高電壓

假設 A 和 B 中至少有一個是 0（低電壓），因為 PDC 是兩個 NMOS 串聯，因此至少一個 NMOS 是斷路的，PDC 不可能連到地，但 PUC 中，至少有一個 PMOS 會連到 VDD，如圖 05-4 所示，所以 Y 是 1（高電壓）。

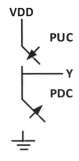

圖 05-4　至少一個 A 或 B 是低電壓

結論：

(1) 如果輸入 A 和 B 都是 1（高電壓），則輸出 Y 是 0（低電壓）。

(2) 如果輸入 A 和 B 中至少有一個是 0（低電壓），則輸出 Y 是 1（高電壓）。

從以上的討論，可知圖 05-1 中的線路的確是一個 NAND Gate。

以下是我們對 NAND Gate 的更詳細解釋：

在解釋以前，請同學們記得以下的知識：

1. PMOS 電晶體的 G 如是 0（低電壓），則電晶體打通，D 和 S 相連。
2. PMOS 電晶體的 G 如是 1（高電壓），則電晶體不通，D 和 S 不相連。
3. NMOS 電晶體的 G 如是 1（高電壓），則電晶體打通，D 和 S 相連。
4. NMOS 電晶體的 G 如是 0（低電壓），則電晶體不通，D 和 S 不相連。
5. 如一個電晶體 M 打通，我們說 M on。如一個電晶體 M 不通，我們說 M off。
6. PUC 是兩個電晶體的並聯，只要一個電晶體打通。PUC 就是 on。

7. PDC 是兩個電晶體的串聯，兩個電晶體都要打通，PDC 才是 on。

8. 如 PUC on，則 Y = 1。如 PDC on，則 Y = 0。

(1) A = 1，B = 1。

    A = 1 → M1 off.
    B = 1 → M2 off.
    PUC off.

    A = 1 → M3 on.
    B = 1 → M4 on.
    PDC on.

    Y = 0。

(2) A = 1，B = 0。

    A = 1 → M1 off.
    B = 0 → M2 on.
    PUC on.

    Y = 1。

(3) A = 0，B = 1。

    A = 0 → M1 on.
    B = 1 → M2 off.
    PUC on.

Y = 1。

(4) A = 0，B = 0。

A = 0 → M1 on.

PUC on.

Y = 1。

NAND Gate 通常用圖 05-5 的符號表示。

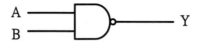

圖 05-5　NAND Gate 的符號

Review 複習

❶ NAND Gate 輸入是 A 和 B，A 和 B 在何種情況之下，輸出 Y 是 0（低電壓）？

❷ NAND Gate 輸入是 A 和 B，A 和 B 在何種情況之下，輸出 Y 是 1（高電壓）？

❸ NAND Gate 分 PUC 和 PDC 兩部份。PUC 裡都是 PMOS 電晶體，還是 NMOS 電晶體？

❹ PDC 裡都是 PMOS 電晶體，還是 NMOS 電晶體？

❺ PUC 內的電晶體是串聯，還是並聯？

❻ PDC 內的電晶體是串聯，還是並聯？

❼ 解釋如果 PUC 內的電晶體兩個都不通，為何 PUC 是 off？

❽ 解釋如果 PDC 內的電晶體中有一個不通，為何 PDC 就是 off？

❾ 解釋如果 NAND Gate 中，A＝1，B＝1，為何 Y＝0？

❿ 解釋如果 NAND Gate 中，A＝0，B＝1，為何 Y＝1？

NOTE

以下是 NOR Gate 的真值表：

A	B	Y
0	0	1
1	0	0
0	1	0
1	1	0

從以上的表可以看出，只有在當 A 和 B 都是 0 時，Y 是 1；其餘情況，Y 都是 0。

圖 06-1 顯示一個 NOR Gate 的線路。

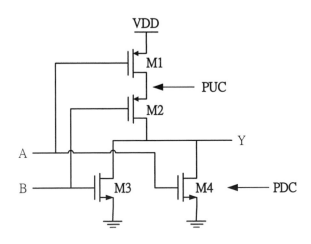

圖 06-1　NOR Gate 的線路

NOR Gate 也有 PUC 和 PDC 兩部份，PUC 由兩個 PMOS（M1 和 M2）串聯組成，PDC 由兩個 PMOS（M3 和 M4）並聯組成。

假設 A 和 B 都是 0（低電壓），因為 M1 和 M2 都是串聯的 PMOS，PUC 連到 VDD，但 M3 和 M4 是並聯的 NMOS，因此 PDC 是無法連到地的，如圖 06-2 所示，因此 Y 是 1（高電壓）。

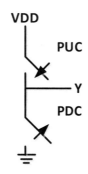

圖 06-2　A 和 B 都是低電壓

假設 A 和 B 中至少有一個是 1（高電壓），因為在 PUC 中的兩個 PMOS 是串聯的，至少會有一個 PMOS 無法連到 VDD，因此 Y 不能連到 VDD。因為 PDC 是兩個 NMOS 並聯，因此至少一個 NMOS 可連到地，如圖 06-3 所示，所以 Y 是 0（低電壓）

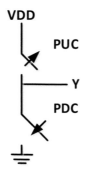

圖 06-3　至少一個 A 或 B 是高電壓

　　從以上的討論，可知圖 06-1 中的線路的確是一個 NOR Gate。

　　以下是我們對 NOR Gate 的更詳細解釋：

　　在解釋以前，請同學們仍應記得以下的知識：

1. PMOS 電晶體的 G 如是 0（低電壓），則電晶體打通，D 和 S 相連。

2. PMOS 電晶體的 G 如是 1（高電壓），則電晶體不通，D 和 S 不相連。

3. NMOS 電晶體的 G 如是 1（高電壓），則電晶體打通，D 和 S 相連。

4. NMOS 電晶體的 G 如是 0（低電壓），則電晶體不通，D 和 S 不相連。

5. 如一個電晶體 M 打通，我們說 M on。如一個電晶體 M 不通，我們說 M off。

6. PUC 是兩個電晶體的串聯，兩個電晶體打通，PUC 才是 on。

7. PDC 是兩個電晶體的並聯，只要一個電晶體打通，PDC 就是 on。

8. 如 PUC on，則 Y = 1。如 PDC on，則 Y = 0。

(1) A = 0，B = 0。

A = 0 → M1 on.
B = 0 → M2 on.
PUC on.

Y = 1。

(2) A = 1，B = 0。

A = 1 → M1 off.
PUC off.

A1 = 1 → M3 on.
PDC on.

Y = 0。

(3) A = 0，B = 1。

A = 0 → M1 on.
B = 1 → M2 off.
PUC off.

B = 1 → M4 on
PDC on.

Y = 0。

(4) A = 1，B = 1。

A = 1 → M1 off.

PUC off.

A = 1 → M3 on.

PDC on.

Y = 0。

NOR Gate 通常以圖 06-4 的符號表示。

NOR Gate

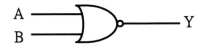

圖 06-4　NOR Gate 的符號

Review 複習

❶ NOR Gate 輸入是 A 和 B，A 和 B 在何種情況之下，輸出 Y 是 0（低電壓）？

❷ NOR Gate 輸入是 A 和 B，A 和 B 在何種情況之下，輸出 Y 是 1（高電壓）？

❸ NOR Gate 分 PUC 和 PDC 兩部份。PUC 裡都是 PMOS 電晶體，還是 NMOS 電晶體？

❹ PDC 裡都是 PMOS 電晶體，還是 NMOS 電晶體？

❺ PUC 內的電晶體是串聯，還是並聯？

❻ PDC 內的電晶體是串聯，還是並聯？

❼ 解釋如果 PUC 內的電晶體有一個不通，為何 PUC 就是 off？

❽ 解釋如果 PDC 內的電晶體兩個都不通，為何 PDC 是 off？

❾ 解釋如果 NOR Gate 中，A＝0，B＝0，為何 Y＝1？

❿ 解釋如果 NOR Gate 中，A＝0，B＝1，為何 Y＝0？

7 AND Gate（及閘）

以下是 AND Gate 的真值表：

A	B	Y
1	1	1
1	0	0
0	1	0
0	0	0

大家可以看出 AND Gate 的功能和 NAND Gate 的功能相反，惟有 A 和 B 都是 1（高電壓）的時候，Y 是 1（高電壓），在其他任何情況，Y 都是 0（低電壓）。因此 AND Gate 的線路只要在 NAND Gate 的後面加一個反向器就可以了。

圖 07-1 顯示一個 AND Gate 線路，M1 到 M4 構成一個 NAND Gate，M5 和 M6 構成一個相反器。

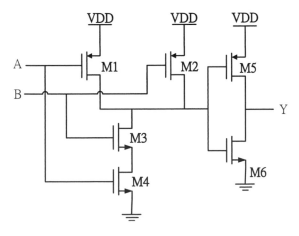

圖 07-1　AND Gate 線路

AND Gate 通常用圖 07-2 符號表示。

圖 07-2　AND Gate 的符號

以下是 AND Gate 的真值表，請將空白處補上。

A	B	Y
1		1
1	0	
	1	0
0	0	

8 OR Gate（或閘）

以下是 OR Gate 的真值表：

A	B	Y
1	1	1
1	0	1
0	1	1
0	0	0

　　大家可以看出 OR Gate 的功能和 NOR Gate 的功能相反，惟有 A 和 B 都是 0（低電壓）的時候，Y 是 0（低電壓），在其他任何情況下，Y 都是 1（高電壓）。也就是說只要 A 或 B 中有一個是 1（高電壓），Y 就是 1（高電壓），因此 OR Gate 的線路只要在 NOR Gate 的後面加一個反向器就可以了。

　　圖 08-1 顯示一個 OR Gate 線路，M1 到 M4 構成一個 NOR Gate，M5 和 M6 構成一個相反器。

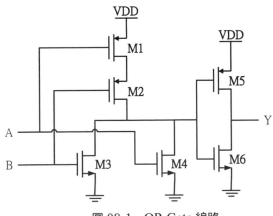

圖 08-1　OR Gate 線路

圖 08-2 顯示 OR Gate 的通用符號。

圖 08-2　OR Gate 的符號

以下是 OR Gate 的真值表，請將空白處補上。

A	B	Y
1	1	
	0	1
0		1
0	0	

Chapter 9 XOR Gate (互斥或閘)

以下是 XOR Gate 的真值表：

A	B	Y
1	1	0
1	0	1
0	1	1
0	0	0

大家可以看出 XOR Gate 的功能和 OR Gate 的功能相似，但是當 A 和 B 都是 0（低電壓）或都是 1（高電壓）的時候，Y 是 0（低電壓）。在其他兩個情況下，Y 都是 1（高電壓），也就是說，A 和 B 不能相同，如果 A 和 B 不相同，Y 是 1（高電壓）；否則 Y 是 0（低電壓）。

圖 09-1 顯示一個 XOR Gate 線路，M1 到 M4 構成 PUC，M5 和 M8 構成 PDC。

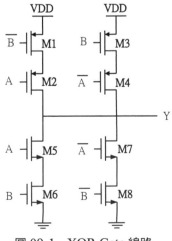

圖 09-1　XOR Gate 線路

假設 A 和 B 都是 1（高電壓），PUC 中都是 PMOS，M2 和 M3 中的 V(S) − V(G) = VDD-VDD = 0，因此使得 Y 不可能連上 VDD。可以說，PUC 是斷開的。至於 PDC，因爲 PDC 中全部都是 NMOS，M5 和 M6 中 V(G) − V(S) = VDD − 0 = VDD 夠大，Y 可以直接連到地。所以，如果 A 和 B 都是 1（高電壓），Y 是 0（低電壓）。以上的討論可以用圖 09-2 表示。

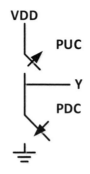

圖 09-2　A 和 B 都是 1（高電壓）

各位可以很容易地證明，如果 A 和 B 都是 0（低電壓），PUC 也會不通，而 PDC 會打通，因此 Y 也是 0（低電壓）。

假設 A 是 1（高電壓），B 是 0（低電壓），在 PUC 中，M1 和 M2 都是 PMOS，所以兩者都會打通，Y 直接連上 VDD。至於 PDC，M6 因爲 B 是 0（低電壓）而不通，M7 因爲 A 是 1（高電壓）也不通，Y 不可能連到地，所以 Y 是 1（高電壓），如圖 09-3 所示。

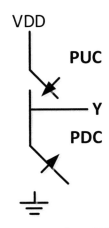

圖 09-3　A 與 B 不相同

　　假設 A 是 0（低電壓），B 是 1（高電壓），各位一定可以很容易地證明 Y 是 1（高電壓）。

　　從以上的討論，我們可以有一個結論，只要 A 和 B 相同，Y 是 0，否則就是 1，所以圖 09-1 的線路是 XOR Gate。

　　在下面，我們再仔細地解釋 XOR Gate 線路是如何工作的。

　　在解釋以前，又要請同學們記得以下的知識：

1. PMOS 電晶體的 G 如是 0（低電壓），則電晶體打通，D 和 S 相連。

2. PMOS 電晶體的 G 如是 1（高電壓），則電晶體不通，D 和 S 不相連。

3. NMOS 電晶體的 G 如是 1（高電壓），則電晶體打通，D 和 S 相連。

4. NMOS 電晶體的 G 如是 0（低電壓），則電晶體不通，D 和 S 不相連。

5. 如一個電晶體 M 打通，我們說 M on。如一個電晶體 M 不通，我們說 M off。

6. PUC 有兩個串聯電路（M1 和 M2 以及 M3 和 M4）的並聯，如串聯後的 M1 和 M2 線路或串聯後的 M3 和 M4 線路打通。PUC 就是 on；如串聯後的 M1 和 M2 線路或以及串聯後的 M3 和 M4 線路都不通，PUC 是 off。

7. PUC 也有兩個串聯電路（M1 和 M2 以及 M3 和 M4）的並聯，如串聯後的 M1 和 M2 線路或串聯後的 M3 和 M4 線路打通。PDC 就是 on；如串聯後的 M1 和 M2 線路或以及串聯後的 M3 和 M4 線路都不通，PDC 是 off。

8. 如 PUC on，則 Y = 1。如 PDC on，則 Y = 0。

　　以下是對 XOR 的更詳細解釋。為了方便解釋起見，我們將 XOR Gate 線路圖放在下面：

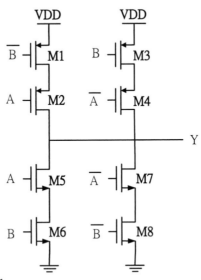

(1) A = 1, B = 1。

    A = 1 → M5 on，

    B = 1 → M6 on。

    → PDC on。

    A = 1 → M2 off，

    B = 1 → M3 off。

    → PUC off。

    → Y = 0。

(2) A = 1, B = 0

A = 1 → $\bar{A}$ = 0 → M7 off。

B = 0 → M6 off，

→ PDC off。

A = 1 → $\bar{A}$ = 0 → M4 on。

B = 0 → M3 on。

→ PUC on。

→ Y = 1

(3) A = 0, B = 1

A = 0 → M5 off。

B = 1 → $\bar{B}$ = 0 → M8 off。

→ PDC off。

A = 0 → M2 on。

B = 1 → $\bar{B}$ = 0 → M1 on。

→ PUC on。

→ Y = 1。

(4) A = 0, B = 0。

A = 0 → $\bar{A}$ = 1 → M7 on。

B = 0 → $\bar{B}$ = 1 → M8 on。

→ PDC on。

$A = 0 \to \overline{A} = 1 \to$ M4 off。

$B = 0 \to \overline{B} = 1 \to$ M1 off。

$\to$ PUC off。

$\to Y = 0$。

以上的討論可以證明這個 XOR Gate 線路是正確的。

圖 09-4 顯示 XOR Gate 的通用符號。

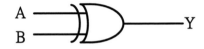

圖 09-4　XOR Gate 的符號

Review 複習

❶ 解釋如 A = 1，B = 1，為何 Y = 0？

❷ 解釋如 A = 1，B = 0，為何 Y = 1？

❸ 解釋如 A = 0，B = 0，為何 Y = 0？

NOTE

Chapter 10 Latch (閂鎖器)

我們在電腦裡常常需要一個線路,這個線路像一個門鎖,一旦將門鎖上,外面的訊息就不能傳進來。一旦門鎖打開,外面的訊息就可以傳進來。latch 的作用就像一把門鎖,以下的表顯示 latch 的功能。

Input		Output
E	D	Q
0	X	NC
1	X	D

上面的表中,E 是 enable 的縮寫,D 是要輸入的訊號,Q 是輸出的訊號,$\overline{Q}$ 是 Q 的反向。NC 是 no change 的意思,表示不變。latch 的電路圖如圖 10-1。latch 電路包含四個 NAND gate 和一個反向器。

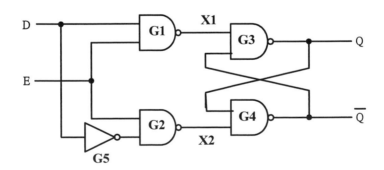

圖 10-1　latch 的電路圖

請大家注意，NAND gate 的輸入如果都是 1（高電壓），輸出是 0（低電壓），否則輸出是 1（高電壓）。

(1) 如果 E 是 1（高電壓），D 也是 1（高電壓）。

先看 Q 值。

因為 G1 是 NAND gate，而它的兩個輸入都是 1（高電壓），所以 X1 是 0（低電壓）。G3 也是 NAND gate，它的輸入中已有一個 X1 是 0（低電壓），所以 Q 是 1（高電壓）。

再看 $\overline{Q}$ 值。

因為 G2 是 NAND gate，而且兩個輸入並非全是 1（高電壓），因此 X2 是 1（高電壓）。而因 Q 是 1（高電壓），G4 是 NAND gate，它的兩個輸入 X2 和 Q 都是 1（高電壓），$\overline{Q}$ 因此是 0（低電壓）。

我們可以說，D 的訊號傳到了 Q。

(2) 如果 E 是 1（高電壓），D 是 0（低電壓）。

先看 $\overline{Q}$ 值。

因為 G2 是 NAND gate，而且兩個輸入都是 1（高電壓），所以 X2 是 0（低電壓）。G4 是 NAND gate，它的一個輸入 X2 = 0（低電壓），$\overline{Q}$ 因此是 1（高電壓）。

再看 Q 值。

因為 G1 是 NAND gate，而且兩個輸入 D 和 E 並非全是 1（高電壓），因此 X1 是 1（高電壓）。而因 $\overline{Q}$ 是 1（高電壓），G3 是 NAND gate，它的兩個輸入 X1 和 Q 都是 1（高電壓），Q 因此是 0（低電壓）。

我們可以說，在這個例子中，D 的訊號也傳到了 Q。

(3) 如果 E 是 0（低電壓），D 是 1（高電壓）。

因為 G1 是 NAND gate，它的輸入中有一個是 0（低電壓），所以 X1 是 1（高電壓）。我們現在要看 G2 的情形，G2 是 NAND gate，G2 的兩個輸入都是 0（低電壓），所以 X2 是 1（高電壓）。G3 是 NAND gate，它的其中一個輸入是 X1 ＝ 1（高電壓），另一個輸入是 $\overline{Q}$。我們不知道原先的 Q 是什麼，先假設 Q 原來是 0（低電壓），那麼現在 $\overline{Q}$ 就會是 1（高電壓），G3 的兩個輸入就都是 1（高電壓），Q 就會維持在 0（低電壓），代表 Q 沒有變。反過來說，如果 Q 原來是 1（高電壓），那 $\overline{Q}$ 就會是 0（低電壓），G3 的輸入就是一個 1（高電壓）和一個 0（低電壓），Q 就會是 1（高電壓），代表 Q 仍然不變。

同理，如果 E 是 0（低電壓），D 也是 0（低電壓），Q 也一樣會保持不變。

以上的討論，可以用下表來表示：

E	D	X1	X2	Q	$\overline{Q}$
1	1	0	1	1	0
1	0	1	0	0	1
0	1	1	1	NC	NC
0	0	1	1	NC	NC

　　綜合以上的討論，我們可以得一結論：當 E ＝ 1（高電壓），
D 的訊號一定會被傳到 Q。否則，Q 會維持不變。

　　圖 10-2 顯示 latch 的符號

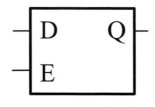

圖 10-2　latch 的符號

以下是 latch 含有電晶體的線路圖：

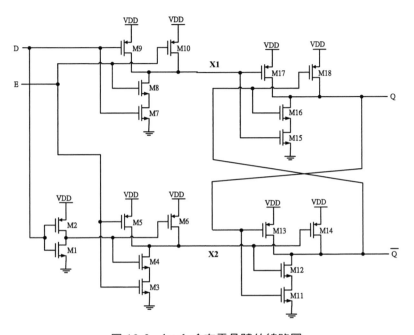

圖 10-3　latch 含有電晶體的線路圖

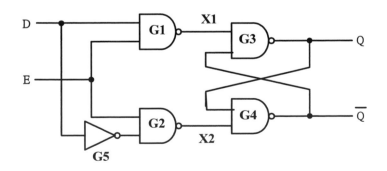

以下的圖可以解釋 latch 的功能，當 CLK 是 1 的候，D 值轉到 Q，當 CLK 是 0 的候，Q 值不變

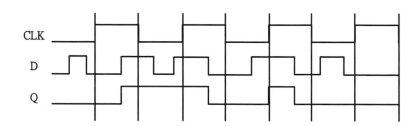

以下是我們對 latch 更仔細的解釋：

1. E = 1, D = 1

   E = 1, D = 1 → X1 = NAND（E, D）= 0 → Q = NAND
   （X1,$\overline{Q}$）= 1

   E = 1, D = 1 → X2 = NAND（E, $\overline{D}$）= 1

   X2 = 1, Q = 1 → $\overline{Q}$ = NAND（X2, Q）= 0

2. E = 1, D = 0

   E = 1, D = 0 → X1 = NAND（E, D）= 1

   E = 1, D = 0 → X2 = NAND（E, $\overline{D}$）= 0 → $\overline{Q}$ = NAND
   （X2,Q）= 1

   X1 = 1, $\overline{Q}$ = 1 → Q = NAND（X1, $\overline{Q}$）= 0

3. E = 0, D = 1, Q = 0, $\overline{Q}$ = 1

   E = 0, D = 1 → X1 = NAND（E, D）= 1

   E = 0, D = 1 → X2 = NAND（E, $\overline{D}$）= 1

$$X1=1, \overline{Q}=1 \to Q=\text{NAND}(X1, \overline{Q})=0$$
$$X2=1, Q=0 \to \overline{Q}=\text{NAND}(X2, Q)=1$$

4. $E=0, D=1, Q=1, \overline{Q}=0$

$$E=0, D=1 \to X1=\text{NAND}(E, D)=1$$
$$E=0, D=1 \to X2=\text{NAND}(E, \overline{D})=1$$
$$X1=1, \overline{Q}=0 \to Q=\text{NAND}(X1, \overline{Q})=1$$
$$X2=1, Q=1 \to \overline{Q}=\text{NAND}(X2, Q)=0$$

5. $E=0, D=0, Q=0, \overline{Q}=1$

$$E=0, D=0 \to X1=\text{NAND}(E, D)=1$$
$$E=0, D=0 \to X2=\text{NAND}(E, \overline{D})=1$$
$$X1=1, \overline{Q}=1 \to Q=\text{NAND}(X1, \overline{Q})=0$$
$$X2=1, Q=0 \to \overline{Q}=\text{NAND}(X2, Q)=1$$

6. $E=0, D=0, Q=1, \overline{Q}=0$

$$E=0, D=0 \to X1=\text{NAND}(E,D)=1$$
$$E=0, D=0 \to X2=\text{NAND}(E,\overline{D})=1$$
$$X1=1, \overline{Q}=0 \to Q=\text{NAND}(X1,\overline{Q})=1$$
$$X2=1, Q=1 \to \overline{Q}=\text{NAND}(X2,Q)=0$$

R ▶▶ eview 複習

❶ 請看下圖，假設我們用的是 latch，將 Q 畫出來。

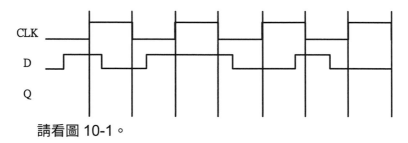

請看圖 10-1。

❷ 如果 E＝1，D＝1，X1 是 1 還是 0 ？

❸ 如果 E＝1，D＝1，X2 是 1 還是 0 ？

❹ 如果 E＝1，D＝0，X1 是 1 還是 0 ？

❺ 如果 E＝1，D＝0，X2 是 1 還是 0 ？

11 Flip Flop（正反器）

Flip flop 在電腦裡是很有用的，電腦的電路中有 clock，clock 中有一連串的脈衝，如圖 11-1 所示。

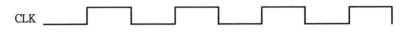

CLK

圖 11-1　clock 中的脈衝

假設我們要在電路中使很多事情能在同一時間發生，就需要一個 clock。在這一章中，我們要介紹 flip flop，flip flop 可以和 clock 配合，使得電路有同步（synchronized）的作用。產生 clock 的電路也是由電晶體和其他元件組成的，這個電路比較難懂，只有電機系的學生可以了解如何產生 clock，這本書就忽略了這個線路。

Flip flop 由兩個 latch 和一個反向器構成，如圖 11-2 所示。

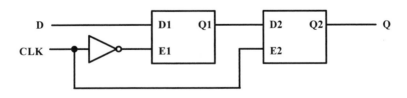

D　D1　Q1　D2　Q2　Q
CLK　E1　E2

圖 11-2　Flip flop

假設 clock（CLK）是 0（低電壓），此時 E1 是 1（高電壓），因此 D1 會被送到 Q1，我們假設此時的輸入是 D，因此 Q1 會變成 D。但是因為 E2 是 0（低電壓），因此 Q1 = D 無法被送到 Q2，也就是說，**當 clock 是 0 的時候，Q1 會改變，但 Q 是不變的**。

接下來 clock（CLK）從 0（低電壓）變成 1（高電壓），此時 E1 是 0（低電壓），因此 Q1 = D 不再改變，即使在此時輸入變了，Q1 也仍會保持是 D。而 E2 是 1（高電壓），因此 Q 會等於 D2 = Q1 = D。也就是說，**當 clock 是 1（高電壓）時，D 會被送到 Q。**

我們可以將 flip flop 的功能分為兩個階段：

(1) clock 是 0（低電壓），在這個階段中，Q 是不變的，但是 Q1 已經變成了 D。

(2) clock 變成 1（高電壓），Q1 會被送到 Q，因為 Q1 是 D，因此 D 會被送到 Q。

從以上的討論，我們得知當 clock 下降，這個 flip flop 的 Q 是不變的，直到 clock 上昇，D 值才會被送至 Q。這個 flip flop 之所以可以忽略 clock 下降，乃是因為當 clock 下降，E2 = 0，Q1 雖然已變，但無法送到 Q。當 clock 上昇，E2 = 1，Q 值就可被送到 Q 了。

以上的討論，可以用圖 11-3 來表示。

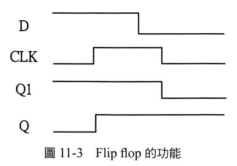

圖 11-3　Flip flop 的功能

從圖 11-3，我們可以看出，當 clock 是 0（低電壓）時，Q 是不變的，但是 Q1 已經是 D，一旦 clock 成為 1（高電壓），Q 就會變成 Q1。因為 Q1 是 D，所以一旦 clock 是 1（高電壓），D 就會被傳到 Q。

值得注意的是，當 clock 變成 0（低電壓）的時候，Q 是不變的。當 clock 變成 1（高電壓），D 會被送到 Q。因此我們說，Flip flop 只對 clock 的上升邊緣（rising edge）會有反應。一旦 clock 上升，D 就會被送到 Q。如果 clock 下降，Q 是沒有反應的。

圖 11-4 顯示了以上所說的。

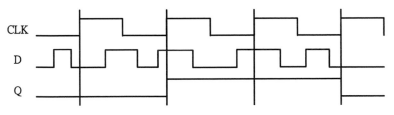

圖 11-4 Flip flop 對於 clock 邊緣改變的反應

從圖 11-4，我們可以看出，clock 如果下降，Q 是不改變的。如果這個 clock 上升，Q 會成為當時的 D。注意：Q 只有在 clock 上升的瞬間會改變，在 clock 上，瞬間以外的其他時間，即 clock 是 1（高電壓）時，Q 不一定是 D。

Flip flop 和上一章所介紹的 latch 不同，請看圖 11-5。

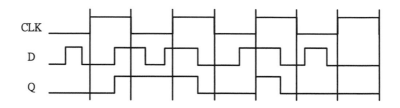

圖 11-5 latch 對於 clock 邊緣改變的反應

　　從圖 11-5，我們可以看出 latch 的功能和 flip flop 有所不同，當 clock 是 1（高電壓），Q 一定會等於 D。當 clock 是 0（低電壓），Q 不變，這和 flip flop 完全不同的，flip flop 只有在 clock 上升時，才會將 D 送到 Q。

Review 複習

❶ 解釋爲何這個 Flip flop 只有對 clock 上昇時，才將 D 值送到 Q?

❷ 請看下圖，Flip flop 的 Q 會有什麼樣的反應？

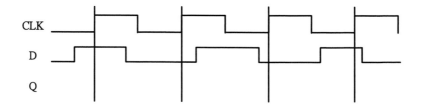

Chapter *12* Multiplexer（多工器）

在很多訊號中，我們只要選一個訊號，這時我們就要使用 multiplexer。為了簡化起見，假設只有兩個訊號可以選。請看圖 12-1。

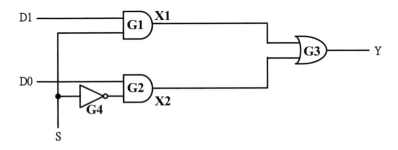

圖 12-1　multiplexer 的線路

在這個 multiplexer 線路中，如果 S = 1（高電壓），Y = D1。如果 S = 0（低電壓），Y = D0。

multiplexer 是由兩個 AND gate、一個 OR gate 和一個反向器所構成。因此，我們有以下的方程式：

(1) X1 = AND（D1, S）

(2) X2 = AND（D0, $\bar{S}$）

(3) Y = OR（X1, X2）

假設 S 是 1（高電壓），D1 也是 1（高電壓），因為 G1 是 AND gate，X1 是 1（高電壓），G3 是 OR gate，所以 Y 是 1（高電壓），也就是此時 Y = D1。

　　假設 S 是 1（高電壓），D1 是 0（低電壓），因為 G1 是 AND gate，X1 一定是 0（低電壓）。因為 G4 是反向器，所以 G2 的輸入中有一個是 0（低電壓），G2 是 AND gate，X2 也因此是 0（低電壓）。G3 的兩個輸入都是 0（低電壓），因為 G3 是 OR gate，Y 是 0（低電壓），也就是此時 Y 也等於 D1。

　　從以上的討論可知，當 S 是 1（高電壓），Y = D1。

　　假設 S 是 0（低電壓），D0 是 1（高電壓），因為 G2 是 AND gate 而且它的兩個輸入都是 1（高電壓），X2 是 1（高電壓），G3 是 OR gate，所以 Y 是 1（高電壓），也就是此時 Y 等於 D0。

　　假設 S 是 0（低電壓），D0 是 0（低電壓），因為 G1 是 AND gate，它的一個輸入 S = 0（低電壓），X1 一定是 0（低電壓）。因為 G2 的輸入中有一個 D0 是 0（低電壓），X2 也因此是 0（低電壓）。G3 的兩個輸入都是 0（低電壓），因為 G3 是 OR gate，Y 是 0（低電壓），也就是此時 Y 也等於 D0。

　　從以上的討論可知，當 S 是 0（低電壓），Y = D0。

　　以上的討論，可由下表顯示，其中 DC 是 don't care 的意思。

S	D1	D0	X1	X2	Y
1	1	DC	1	DC	1
1	0	DC	0	0	0
0	DC	1	DC	1	1
0	DC	0	0	0	0

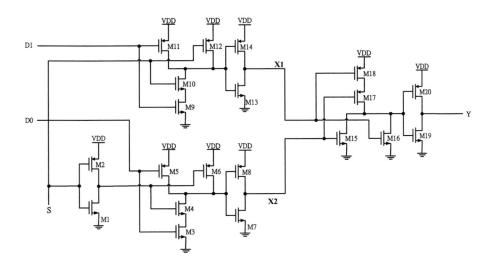

在下面，我們將更詳細地解釋 multiplexer 的功能，我們先將圖 12-1 放在下面：

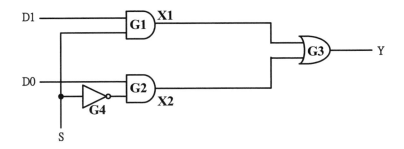

1. S = 1, D1 = 1

   S＝1, D1＝1 → X1＝AND（D1, S）＝1 → Y＝OR（X1, X2）＝1

2. $S = 1, D1 = 0$

   $S=1, D1=0 \rightarrow X1=AND（D1, S）=0$

   $S=1 \rightarrow X2=AND（D0,\bar{S}）=0$

   $X1=0, X2=0 \rightarrow Y=OR（X1, X2）=0$

3. $S = 0, D0 = 1$

   $S=0, D0=1 \rightarrow X2=AND（D0, \bar{S}）=1 \rightarrow Y=OR（X1, X2）=1$

4. $S = 0, D0 = 0$

   $S=0 \rightarrow X1=AND（D1,S）=0$

   $D0=0 \rightarrow X2=AND（D0,\bar{S}）=0$

   $X1=0, X2=0 \rightarrow Y=OR（X1,X2）=0$

Ⓡ ▶▶ eview 複習

❶ 假設 S = 1，X2 是 1 還是 0？

❷ 假設 S = 0，X1 是 1 還是 0？

Chapter 13 Decoder（解碼器）

電腦裡最底層的指令都是由 0 和 1 組成的，假設指令長度是 8，（01101101）就是一個指令，長度如果是 8，有 256 個不同的指令，我們可以將這 256 個指令予以編號，以下是一些例子：

00000000 是 0 號，

00000001 是 1 號。

11111111 是 255 號。

Decoder 的功能就是將一個由 0 和 1 組成的指令轉換成一組輸出訊號，且只有其中的一個訊號會是 1，其他的都是 0，假設指令長度為 2，這個 decoder 如圖 13-1 所示：

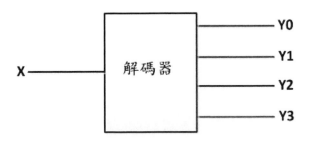

圖 13-1　長度為 2 的 decoder

Decoder 雖然有 4 個輸出，但對每一個輸入，只有一個輸出是 1（高電壓），其他都是 0（低電壓）。

假如 X 是 01，只有 Y1 會是 1（高電壓）。

假如 X 是 11，只有 Y3 會是 1（高電壓）。

圖 13-1 中 Decoder 的線路圖在圖 13-2。

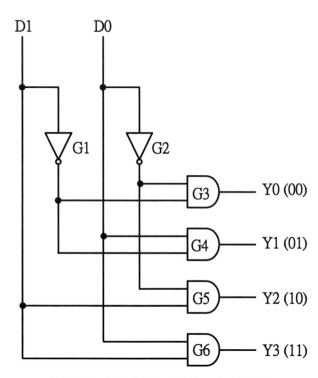

圖 13-2　指令長度為 2 的 decoder 線路圖

　　這個線路由 2 個反向器和 4 個 AND gate 所構成。G1 和 G2 是反向器，G3~G6 是 AND gate，每個 AND gate 都有兩個輸入，這 4 個 AND gate 的輸入可由下表顯示：

AND gate	第一個輸入	第二個輸入
G3	$\overline{D1}$	$\overline{D0}$
G4	$\overline{D1}$	D0
G5	D1	$\overline{D0}$
G6	D1	D0

因此，

假如輸入是（00），只有 G3 的輸出是 1（高電壓），也就是只有 Y0 是 1（高電壓）。

假如輸入是（01），只有 G4 的輸出是 1（高電壓），也就是只有 Y1 是 1（高電壓）。

假如輸入是 (10) ，只有 G5 的輸出是 1（高電壓），也就是只有 Y2 是 1（高電壓）。

假如輸入是（11），只有 G6 的輸出是 1（高電壓），也就是只有 Y3 是 1（高電壓）。

在下面，我們用 D0 = 1，D1 = 0 來解釋這個線路是如何工作的。

請看下圖：

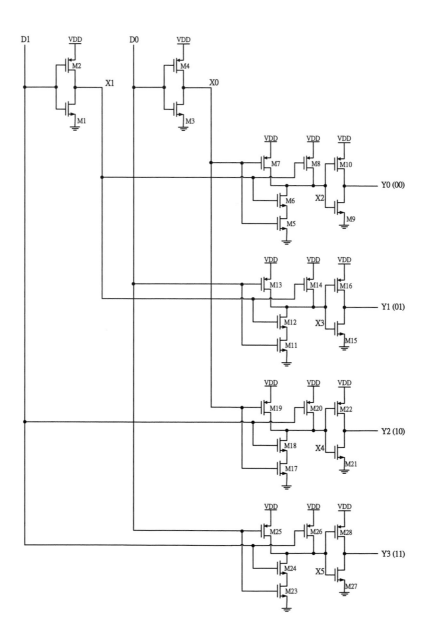

74

M1 及 M2 和 M3 及 M4 都是反向器。

D0 = 1，D1 = 0。因此 X0 = 0，X1 = 1。

在以下，如一個電晶體 M 打通，我們說 M on。如一個電晶體 M 不通，我們說 M off。

(1) Y0：

X0＝0 → M7 on → X2＝1 → M9 on → Y0＝0。

(2) Y1：

X1＝1 → M12 on。

D0＝1 → M11 on。

→ X3＝0 → M16 on → Y1＝1。

(3) Y2：

D1＝0 → M20 on → X3＝1 → M21 on → Y2＝0。

(4) Y3：

D1＝0 → M26 on → X4＝1 → M27 on → Y3＝0。

只有 Y1 = 1，可見得這個 decoder 線路是正確的。

Ｒeview 複習

❶ 假設 D0 = 0，D1 = 0，解釋為何 Y0 = 1。

❷ 假設 D0 = 0，D1 = 0，解釋為何 Y2 = 0。

❸ 假設 D0 = 1，D1 = 1，解釋為何 Y3 = 1。

❹ 假設 D0 = 1，D1 = 1，解釋為何 Y1 = 0。

14 Matching（比對）

假設我們有兩個訊號 A 和 B，A 和 B 都是 1 或 0。我們要知道 A 和 B 是否完全一樣。要做到這點，我們可以用 XOR gate。為了怕同學忘了 XOR gate，我們先將 XOR gate 的功能表放在下面。

A	B	Y
0	0	0
0	1	1
1	0	1
1	1	0

我們先假設只要比對 A 和 B。

因此，我們知道當 A = B 時，XOR gate 會輸出 0。 當 A ≠ B 時，XOR gate 會輸出 1。因此比對的線路可以如圖 14-1 所示。

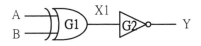

圖 14-1　比對 A 和 B

假如 A = B，因為 G1 是 XOR gate，X1 是 0（低電壓），G2 是反向器，因此 Y = 1（高電壓）。

假如 A ≠ B，因為 G1 是 XOR gate，X1 是 1（高電壓），G2 是反向器，因此 Y = 0（低電壓）。

假設要同時比對 A0 和 B0 以及 A1 和 B1，比對的線路在圖

14-2

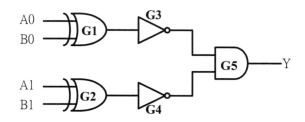

圖 14-2　同時比對 A0 和 B0 以及 A1 和 B1

　　同學如果懂了圖 14-1，一定也能了解圖 14-2 的線路的。只有在 A0 = B0 以及 A1 = B1 的情況之下，Y = 1（高電壓）。其他任何情形，Y = 0（低電壓）。

15 Adder（加法器）

我們先介紹 half adder（半加法器），half adder 的輸入只有 A 和 B，輸出有 S（和）以及 C（進位）。

圖 15-1 顯示了一個 half adder 的線路圖。

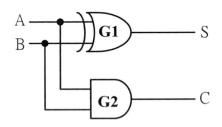

圖 15-1　half adder

half adder 的功能如下表所示：

A	B	C	Y
0	0	0	0
0	1	0	1
1	0	0	1
1	1	1	0

half adder 由一個 XOR gate 和一個 AND gate 所組成。

假設 A ＝ B ＝ 0，因為 G1 是 XOR gate，它的兩個輸入相等，S ＝ 0（低電壓），G2 是 AND gate，它的兩個輸入都是 0（低電壓），因此 C ＝ 0（低電壓）。

假設 A ≠ B，因為 G1 是 XOR gate，它的兩個輸入不相等，S ＝ 1（高電壓），G2 是 AND gate，它的兩個輸入不都是 1（高電壓），因此 C＝0（低電壓）。

假設 A＝B＝1，因為 G1 是 XOR gate，它的兩個輸入相等，S＝0（低電壓），G2 是 AND gate，它的兩個輸入都是 1（高電壓），因此 C＝1（高電壓）。

由上可知圖 15-1 的線路是一個 half adder。

Full adder（全加法器）除了 A 和 B 以外，還有一個 Cin 位元，圖 15-2 內的線路就是一個一位元的 full adder。full adder 由兩個 XOR gate，兩個 AND gate 和一個 OR gate 所組成。

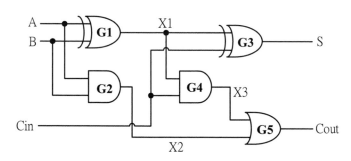

圖 15-2　Full adder

Full adder 由兩個 XOR gate（G1 和 G3），兩個 AND gate（G2 和 G4）以及一個 OR gate（G5）所組成，我們先設法分析一下 full adder 線路的原理：

先看 S。

X1 ＝ XOR（A,B）.
S ＝ XOR（X1,Cin）.

再看 Cout。

X2 = AND（A,B）.
X3 = AND（X1,Cin）.
Cout = OR（X3,X2）.

以下的表是 full adder 的各點邏輯值表。

A	B	Cin	X1	X2	X3	Cout	S
0	0	0	0	0	0	0	0
0	1	0	1	0	0	0	1
1	0	0	1	0	0	0	1
1	1	0	0	1	0	1	0
0	0	1	0	0	0	0	1
0	1	1	1	0	1	1	0
1	0	1	1	0	1	1	0
1	1	1	0	1	0	1	1

在下面，我們將解釋 Full adder 是如何工作的。

1. 假設 Cin = 0.

   1a： 假設A＝B＝0，G1是XOR gate，它的兩個輸入相等，因此X1是0（低電壓），Cin是0，G3也是一個XOR gate，它的兩個輸入X1和Cin相同，S因此是0（低電壓）。

   G2是AND gate，它的兩個輸入都是0（低電壓），因此X2＝0（低電壓），G4是AND gate，它的一個輸入X1是0，因此X3＝0（低電壓），G5是OR gate，它的兩個輸入X2和X3

都是0（低電壓），因此Cout＝0（低電壓）。

1b：假設A≠B，因為G1是XOR gate，它的兩個輸入不相等，因此X1是1（高電壓），Cin是0，G3是一個XOR gate，它的兩個輸入X1和Cin不相同，S因此是1（高電壓）。

G2是AND gate，它的兩個輸入中有一個是0（低電壓），因此X2＝0（低電壓），G4是AND gate，它的一個輸入Cin是0（低電壓），因此X3＝0（低電壓）。G5是OR gate，它的兩個輸入X3是和X2都是0（低電壓），因此Cout＝0（低電壓）。

1c： 假設A＝B＝1，因為G1是XOR gate，它的兩個輸入相等，因此X1是0（低電壓），Cin是0，G3是一個XOR gate，它的兩個輸入X1和Cin相同，S因此是0（低電壓）。

G2是AND gate，它的兩個輸入都是1（高電壓），因此X2＝1（高電壓），G4是AND gate，它的一個輸入Cin是0，因此X3＝0（低電壓），G5是OR gate，它的一個輸入X2是1（高電壓），因此Cout＝1（高電壓）。

2. 假設 Cin ＝ 1.

2a： 假設A＝B＝0，因為G1是XOR gate，它的兩個輸入相等，因此X1是0，Cin是1，G3是一個XOR gate，它的兩個輸入不相同，S因此是1（高電壓）。

G2是AND gate，它的兩個輸入都是0（低電壓），因此X2＝0（低電壓），G4是AND gate，它的一個輸入X1是0，因此X3＝0（低電壓），G5是OR gate，它的兩個輸入X2和X3都是0（低電壓），因此Cout＝0（低電壓）。

2b： 假設A≠B，因爲G1是XOR gate，它的兩個輸入不相等，因此X1是1（高電壓），Cin是1，G3也是一個XOR gate，它的兩個輸入X1和Cin相同，S因此是0（低電壓）。

G2是AND gate，它的兩個輸入中一定有一個是0（低電壓），因此X2＝0（低電壓），G4是AND gate，它的兩個輸入X1和Cin都是1，因此X3＝1（高電壓），G5是OR gate，它的一個X3是1（高電壓），因此Cout＝1（高電壓）。

2c： 假設A＝B＝1，因爲G1是XOR gate，它的兩個輸入不相等，因此X1是0（低電壓），Cin是1，G3是一個XOR gate，它的兩個輸入X1和Cin不相同，S因此是1（高電壓）。

G2是AND gate，它的兩個輸入中都是1（高電壓），X2＝1（高電壓），G4是AND gate，它的一個輸入X1是0，因此X3＝0（低電壓），G5是OR gate，它的一個輸入X2是1（高電壓），因此Cout＝1（高電壓）。

以下是我們對 full adder 的更詳細解釋。

我們先將 full adder 的線路圖放在下面：

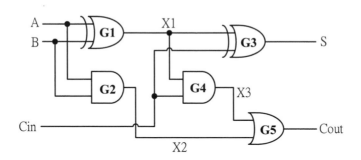

1. A = 0, B = 0, Cin = 0

   A＝0, B＝0 → X1＝XOR（A, B）＝0 → X3＝AND
   （X1, Cin）＝0
   A＝0, B＝0 → X2＝AND（A, B）＝0
   X2＝0, X3＝0 → Cout＝OR（X3, X2）＝0
   Cin＝0, X1＝0 → S＝XOR（X1, Cin）＝0

2. A = 0, B = 0, Cin = 1

   A＝0, B＝0 → X1＝XOR（A, B）＝0 → X3＝AND
   （X1, Cin）＝0
   A＝0, B＝0 → X2＝AND（A, B）＝0
   X2＝0, X3＝0 → Cout＝OR（X3, X2）＝0
   Cin＝1, X1＝0 → S＝XOR（X1, Cin）＝1

3. A = 0, B = 1, Cin = 0

   A＝0, B＝1 → X1＝XOR（A, B）＝1

A＝0, B＝1 → X2＝AND（A, B）＝0
Cin＝0, X1＝1 → S＝XOR（X1, Cin）＝1
Cin＝0, X1＝1 → X3＝AND（X1, Cin）＝0
X2＝0, X3＝0 → Cout＝OR（X3, X2）＝0

4. A = 0, B = 1, Cin = 1

A＝0, B＝1 → X1＝XOR（A, B）＝1
A＝0, B＝1 → X2＝AND（A, B）＝0
Cin＝1, X1＝1 → S＝XOR（X1, Cin）＝0
Cin＝1, X1＝1 → X3＝AND（X1, Cin）＝1
X2＝0, X3＝1 → Cout＝OR（X3, X2）＝1

5. A = 1, B = 0, Cin = 0

A＝1, B＝0 → X1＝XOR（A, B）＝1
A＝1, B＝0 → X2＝AND（A, B）＝0
Cin＝0, X1＝1 → S＝XOR（X1, Cin）＝1
Cin＝0, X1＝1 → X3＝AND（X1, Cin）＝0
X2＝0, X3＝0 → Cout＝OR（X3, X2）＝0

6. A = 1, B = 0, Cin = 1

A＝1, B＝0 → X1＝XOR（A, B）＝1
A＝1, B＝0 → X2＝AND（A, B）＝0
Cin＝1, X1＝1 → S＝XOR（X1, Cin）＝0
Cin＝1, X1＝1 → X3＝AND（X1, Cin）＝1

$$X2 = 0, X3 = 1 \rightarrow Cout = OR（X3, X2）= 1$$

7. $A = 1, B = 1, Cin = 0$

   $A＝1, B＝1 \rightarrow X1＝XOR（A, B）＝0$
   $A＝1, B＝1 \rightarrow X2＝AND（A, B）＝1$
   $Cin＝0, X1＝0 \rightarrow S＝XOR（X1, Cin）＝0$
   $Cin＝0, X1＝0 \rightarrow X3＝AND（X1, Cin）＝0$
   $X2＝1, X3＝0 \rightarrow Cout＝OR（X3, X2）＝1$

8. $A = 1, B = 1, Cin = 1$

   $A＝1, B＝1 \rightarrow X1＝XOR（A, B）＝0$
   $A＝1, B＝1 \rightarrow X2＝AND（A, B）＝1$
   $Cin＝1, X1＝0 \rightarrow S＝XOR（X1, Cin）＝1$
   $Cin＝1, X1＝0 \rightarrow X3＝AND（X1, Cin）＝0$
   $X2＝1, X3＝0 \rightarrow Cout＝OR（X3, X2）＝1$

數位邏輯閘如何用電晶體實現

2023年12月初版　　　　　　　　　　　　　　　定價：新臺幣320元

著　　者	李	家	同
	侯	冠	維
叢書主編	李	佳	姍
特約編輯	李		芃
校　　對	朱	玉	勤
內文排版	楊	佩	菱
封面設計	黃	國	平

出　版　者	聯經出版事業股份有限公司
地　　　址	新北市汐止區大同路一段369號1樓
叢書主編電話	(02)86925588轉5395
台北聯經書房	台北市新生南路三段94號
電　　　話	(02)23620308
郵政劃撥帳戶	第0100559-3號
郵撥電話	(02)23620308
印　刷　者	世和印製企業有限公司
總　經　銷	聯合發行股份有限公司
發　行　所	新北市新店區寶橋路235巷6弄6號2樓
電　　　話	(02)29178022

副總編輯	陳	逸	華
總　編　輯	涂	豐	恩
總　經　理	陳	芝	宇
社　　長	羅	國	俊
發　行　人	林	載	爵

行政院新聞局出版事業登記證局版臺業字第0130號

聯經網址：www.linkingbooks.com.tw
電子信箱：linking@udngroup.com

國家圖書館出版品預行編目資料

數位邏輯閘如何用電晶體實現/李家同、侯冠維著.
初版 . 新北市 . 聯經 . 2023年12月 . 88面 . 14.8×21公分
ISBN 978-957-08-7209-5（平裝）

1.CST：電路 2.CST：電晶體

448.62   112019619